学习编程，从这套书开始！

青岛出版社
QINGDAO PUBLISHING HOUSE

孩子看的编程启蒙书 第2辑

③ 编程来帮忙

[日] 松田孝 / 著　丁丁虫 / 译

青岛出版社
QINGDAO PUBLISHING HOUSE

学习进行简单的 编 程

有时，我们会产生这样的想法："如果能有这样一种便利的东西就好了。"

准备接球！

其实，我们身边的很多东西都是从这样的想法而来。

如果学会编程，我们就能自己实现这些想法，制造出"便利的东西"，说不定还会因此成为专业的程序员呢！

好——！

阅读这本书，你们将会了解程序员的工作内容，并学习进行简单的编程。

目　录

加油——！

编程来帮忙

接球实在太难了。

怎样做才能顺利接到球呢？

试着给机器人**编程**，让它挥棒
打球，帮忙练习吧！

可以修改挥棒的时间和速度，
制订几种方案，让机器人按
顺序一项一项地执行。

方案一

开始

直到棒球全部打完为止　　重复

右手抓住棒球棍，摆好击球的姿势

左手拿起一个棒球

"准备接球!"　说话

身体向右转动 90 度

左手丢下棒球

身体向左转动 180 度, 用棒球棍击打棒球

恢复初始姿势

结束

感觉不错！

有了机器人的帮助，经过反复
练习，接球变得很拿手了！

早上总是睡不醒，不能按时起床。怎么办呢？

要是有人可以准时叫我起床就好了。

有了！
给机器人 **编程**，让它帮忙吧！

哔哔哔……

早上好！7点了！

早上好！7点了！

准备播放音乐。

起床了！

开始

起立

2次　　　重复

"早上好！7点了！"　说话

"准备播放音乐。"说话

从爱听的音乐列表中　播放　1首

把被子掀起来

"起床了！"　说话

结束

机器人还可以帮忙做什么呢？

哔哔哔……

通过给机器人**编程**，可以知道谁在撒谎。

那么，**编 程** 究竟是什么呢？

其实，编程是指为了指挥计算机实现某种目标，用特定的语言来编写行动指令。

接下来给什么 **编 程** 呢?

扑克牌挑战
一起收集红心牌！

随机抽取若干张扑克牌，摆放在桌子上，编写一个能经过所有红心牌的程序。比比看：谁的程序最短？

基本玩法

1 随机抽取 16 张扑克牌，充分洗牌后正面朝上，像下面这样摆好。

2 想一个能经过所有红心牌的路线，在纸上画出指令框，编写程序。

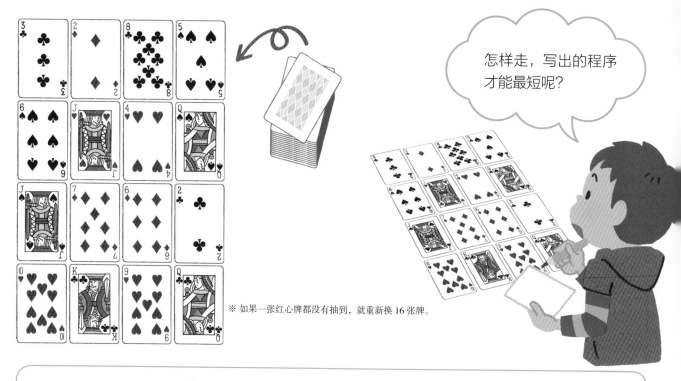

怎样走，写出的程序才能最短呢？

※ 如果一张红心牌都没有抽到，就重新换 16 张牌。

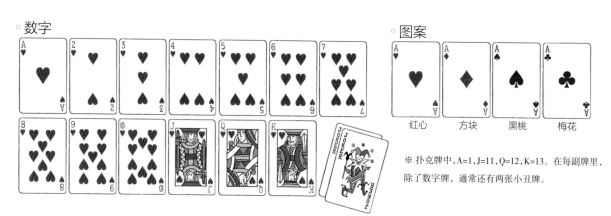

扑克牌的数字和图案 　　　数字从 A 到 K，共有 13 种；图案有 4 种。

。数字

。图案

红心　　方块　　黑桃　　梅花

※ 扑克牌中，A=1，J=11，Q=12，K=13。在每副牌里，除了数字牌，通常还有两张小丑牌。

准 备 物 品

扑克牌　纸
铅笔　　橡皮

程序的编写方法

按顺序画出指令框，编写程序吧！

指令框示例：

写上数字！

向右转　　向左转　　前进1格　　重复2次

★可以选择❶～❹中任意一个位置开始。

★只能横向走或竖向走，不能斜着走哟。

Ⓐ 如果要沿着 A 路线前进，可以这样画：

Ⓑ 如果要沿着 B 路线前进，可以这样画：

还可以使用"重复"指令：

使用"重复"指令可以把程序变短！

3 大家一起来编写，比比谁写的程序最短。

原来如此！

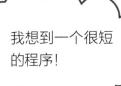

我想到一个很短的程序！

更多玩法，请看下一页。

21

玩法 ❶ 改变扑克牌的排列方式

在排列扑克牌时，可以尝试增加牌的数量或变化各种形状。这样会给编程增加难度，让游戏变得更有趣！

。增加扑克牌的数量　　。中间留出空白　　。拿掉角上的扑克牌

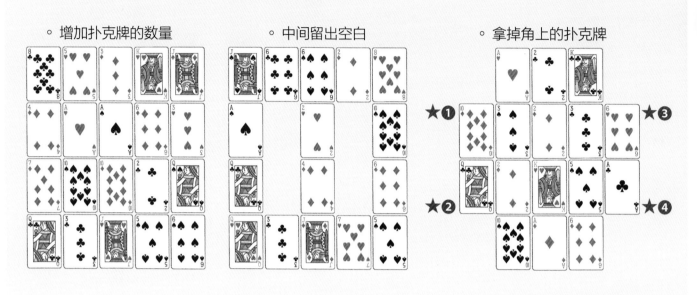

玩法 ❷ 加入小丑牌

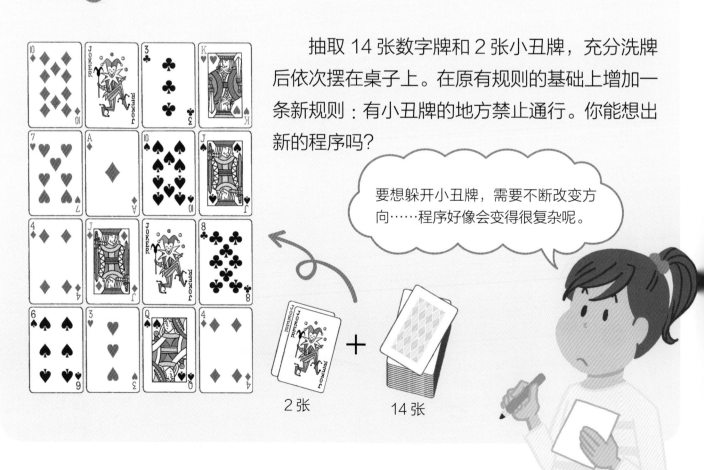

抽取 14 张数字牌和 2 张小丑牌，充分洗牌后依次摆在桌子上。在原有规则的基础上增加一条新规则：有小丑牌的地方禁止通行。你能想出新的程序吗？

要想躲开小丑牌，需要不断改变方向……程序好像会变得很复杂呢。

2 张　　　　+　　　　14 张

玩法 ❸ 得分对战

把拿到的红心牌上的数字加在一起，减掉程序用到的指令框的数量，就是本次游戏的得分。

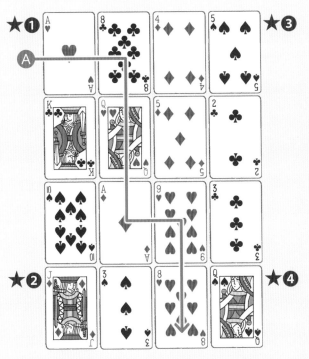

Ⓐ 按照 A 路线，得分是这样的：

指令框的数量

♥ 30−7=23

红心牌的数字总和

♥ A (1) + ♥ Q (12) + ♥ 9 + ♥ 8

规则 1 不用拿到全部红心牌。

Ⓑ 按照 B 路线，得分是这样的：

指令框的数量

♥ 29−5=24

红心牌的数字总和

♥ 8 + ♥ 9 + ♥ Q (12)

规则 2 多玩几轮，累计得分最高的人获胜。

可以放弃数字太小的红心牌，让程序变短，得分就会变高！

程序员的工作 ①
制作游戏软件

编写指挥计算机工作的程序、制作操作系统的人，就是我们通常所说的程序员。电脑、游戏机、手机上的游戏软件，都是程序员和相关团队成员制作出来的。

程序员通过编程，确定游戏的玩法、角色的设定及行动方式。

咔嗒！ 咔嗒！

怪兽出现了！

当角色走到这里时，就让怪兽出现……

制作团队要考虑游戏规则和故事情节。

除了程序员，还需要其他人共同参与完成！

角色形象、图标动画，要由设计师制作。

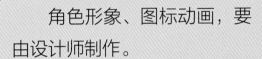

怪兽出现了！

声音设计师进行音乐和音效的制作。

如果程序没有像预想的那样正常运行，程序员就要修改程序，再进行相关测试。

？ 没有出现怪兽 ？

程序员会反复进行测试，让游戏变得更加完善！

程序员的工作 ②

保护服务器，抵抗攻击

有些人会借助网络，入侵服务器和他人的电脑系统，破坏系统，窃取信息。要防范这样的危险，就需要拥有专业知识的程序员和信息安全工程师出马。

※ 服务器：存储信息、提供计算服务的设备。

编写程序，和"坏人"战斗！

这个软件在保护计算机系统和里面的信息，看我把它破坏掉！

程序员能够编写程序，制作安全防护软件。这些软件可以保护服务器，抵抗攻击。如果有人采用新的方法攻击，程序员也会马上思考新的抵抗方法，制作新的防护软件。

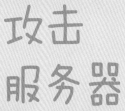

攻击
服务器

嘿嘿嘿……

发送电子邮件，里面隐藏着能够破坏系统、窃取信息的程序（计算机病毒）。

服务器

窃取重要信息，如姓名、住址、账户、密码等。

防范危险邮件，躲避攻击！

完善系统，优化程序，防止计算机病毒入侵服务器和电脑，这也是程序员的工作之一。

图书在版编目（CIP）数据

孩子看的编程启蒙书 . 第 2 辑 . 3, 编程来帮忙 /（日）
松田孝著；丁丁虫译 . —青岛：青岛出版社，2019.10
ISBN 978-7-5552-8498-7

Ⅰ.①孩… Ⅱ.①松… ②丁… Ⅲ.①程序设计—儿童
读物 Ⅳ.① TP311.1-49

中国版本图书馆 CIP 数据核字（2019）第 176793 号

Programming ni Chousen!
Copyright © Froebel-kan 2019
First Published in Japan in 2019 by Froebel-kan Co., Ltd.
Simplified Chinese language rights arranged with Froebel-kan Co., Ltd.,
Tokyo,through Future View Technology Ltd.
All rights reserved.

Supervised by Takashi Matsuda
Designed by Maiko Takanohashi
Illustrated by Etsuko Ueda
Produced by Yoko Uchino(WILL)/Ari Sasaki
DTP by Masami Kobayashi(WILL)

山东省版权局著作权合同登记号 图字：15-2019-137 号

书　　名	孩子看的编程启蒙书（第 2 辑 ③）：编程来帮忙
著　　者	[日]松田孝
译　　者	丁丁虫
出版发行	青岛出版社
社　　址	青岛市海尔路 182 号（266061）
本社网址	http://www.qdpub.com
团购电话	18661937021 （0532）68068797
责任编辑	刘倩倩
封面设计	桃　子
照　　排	青岛佳文文化传播有限公司
印　　刷	青岛名扬数码印刷有限责任公司
出版日期	2019 年 10 月第 1 版　2019 年 11 月第 2 次印刷
开　　本	16 开（889mm×1194mm）
印　　张	8
字　　数	87.5 千
书　　号	ISBN 978-7- 5552-8498-7
定　　价	98.00 元（全 4 册）

编校印装质量、盗版监督服务电话　4006532017　0532-68068638